画给孩子的自然通识课

昆虫，好小好可爱啊

童心　编绘

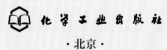
化学工业出版社
·北京·

图书在版编目（CIP）数据

昆虫，好小好可爱啊 / 童心编绘 . —北京：化学工业
出版社，2024.7
（画给孩子的自然通识课）
ISBN 978-7-122-45490-4

Ⅰ.①昆… Ⅱ.①童… Ⅲ.①昆虫 - 儿童读物 Ⅳ.
① Q96-49

中国国家版本馆 CIP 数据核字（2024）第 080513 号

KUNCHONG，HAO XIAO HAO KEAI A

昆虫，好小好可爱啊

责任编辑：隋权玲　　　　　　　　　　装帧设计：宁静静
责任校对：王鹏飞

出版发行：化学工业出版社（北京市东城区青年湖南街 13 号　邮政编码 100011）
印　　装：北京宝隆世纪印刷有限公司
880mm×1230mm　1/24　印张 2　字数 20 千字　2024 年 7 月北京第 1 版第 1 次印刷

购书咨询：010-64518888　　　　　　　售后服务：010-64518899
网　　址：http://www.cip.com.cn
凡购买本书，如有缺损质量问题，本社销售中心负责调换。

定　　价：16.80 元

前言

　　昆虫是地球上数量最多的动物群体之一，它们小小的很不起眼，但是如果你细心观察就会发现，在干燥的地面、嫩绿的草坪、芬芳的花坛，甚至是居住的卧室里，都有它们的身影。其中，有的昆虫不仅可爱，还有独特的本领，因此成为许多昆虫爱好者的小宠物。

　　这堂自然通识课里汇集了最有名气、最令小朋友喜爱的多种昆虫的"代表"，比如举着大刀的螳螂、花间小舞者蝴蝶、水面上的小飞机蜻蜓、忙碌采收花粉的蜜蜂、树上歌唱家蝉、不停搬家的蚂蚁、破坏庄稼的蝗虫，以及披着坚硬外壳的甲虫等。这些小家伙充满活力、遍及四处，相信小朋友在这堂自然课中，一定能认识和了解更多昆虫，同时也会更加懂得珍惜和保护那些对生态环境有益的昆虫。

目 录

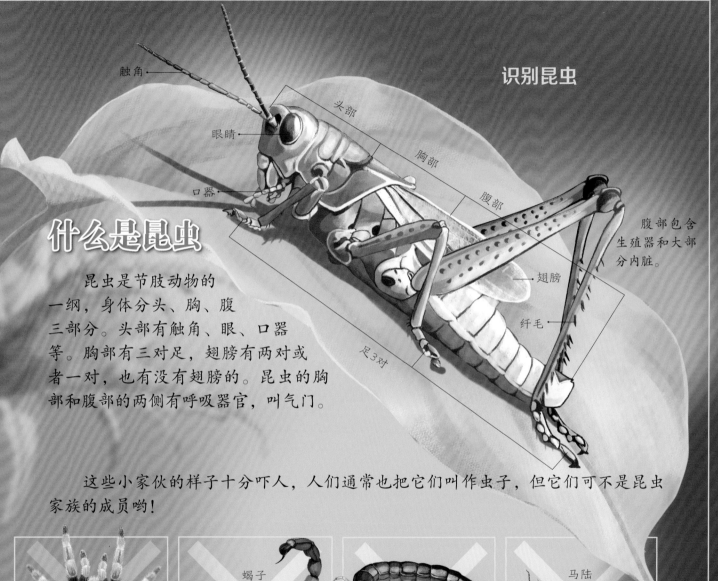

触角

眼睛

口器

头部

胸部

腹部

腹部包含生殖器和大部分内脏。

翅膀

纤毛

足3对

什么是昆虫

昆虫是节肢动物的一纲，身体分头、胸、腹三部分。头部有触角、眼、口器等。胸部有三对足，翅膀有两对或者一对，也有没有翅膀的。昆虫的胸部和腹部的两侧有呼吸器官，叫气门。

这些小家伙的样子十分吓人，人们通常也把它们叫作虫子，但它们可不是昆虫家族的成员哟！

蜘蛛

蝎子

蜈蚣

马陆

昆虫是如何征服地球的

昆虫是地球上的"老住户"了，大约在4.8亿年前，它们就已经生活在地球上了。

西伯利亚三眼甲虫因看起来像是长着三只眼睛而得名，许多科学家认为它可能是所有有翼飞行昆虫的祖先之一。

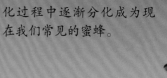

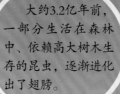

大约3.2亿年前，一部分生活在森林中、依赖高大树木生存的昆虫，逐渐进化出了翅膀。

一些黄蜂的祖先在进化过程中逐渐分化成为现在我们常见的蜜蜂。

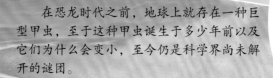

在恐龙时代之前，地球上就存在一种巨型甲虫，至于这种甲虫诞生于多少年前以及它们为什么会变小，至今仍是科学界尚未解开的谜团。

距今约1.65亿年前，地球上已经出现了跳蚤，那时的跳蚤体型可比现在大得多，可以说是"巨型跳蚤"。

在侏罗纪早期，蛾类出现了。

白垩纪中晚期，某些蛾类分支逐渐演化并分化出了最早的蝴蝶。

一些黄蜂的祖先分支丧失了飞行能力，进化成为蚂蚁。

兴旺的昆虫家族

经过几亿年的进化和发展，大部分昆虫通过自然界的考验，成功地生存到现在。昆虫被分为不同的目，每一目都有代表性昆虫。

蝴蝶

鳞翅目

鳞翅目昆虫成虫的翅膀表面覆盖着细小的鳞片。

代表昆虫：蝶、蛾

蛾

双翅目

双翅目昆虫有1对发达的前翅，后翅退化成平衡棒。

代表昆虫：蚊、蝇、虻、蚋

蚊子

果蝇

膜翅目

膜翅目昆虫绝大多数种类是益虫，有2对膜翅，前翅大，后翅小，腰很细。

代表昆虫：蜂、蚁

蝗虫

直翅目

直翅目昆虫后足发达，弹跳力好，口器为咀嚼式。

代表昆虫：蝗虫、蟋蟀、螽斯、蝼蛄

蟋蟀

蜜蜂

蚂蚁

蜻蜓

蜻蜓目

蜻蜓目昆虫头大而灵
活，复眼发达，有咀嚼式
口器，腹部细长。

代表昆虫：蜻蜓、豆娘

螳螂目

螳螂目昆虫头部三角形，
复眼大而突出，颈部灵活，善
于伪装和迅速捕捉猎物。

代表昆虫：螳螂

蝉

蚜虫

椿象

负子蝽

竹节虫目

竹节虫目昆虫身
体扁平、细长，以拟
态闻名。

代表昆虫：竹节虫

竹节虫

蜚蠊目

蜚蠊目昆虫喜欢黑暗，不善跳
跃，行动迅速，大部分为家庭害虫。

代表昆虫：蟑螂、地鳖

螳螂

半翅目

半翅目昆虫的前翅基部为革质，
端部为膜质，拥有刺吸式口器。

代表昆虫：负子蝽、椿象

地鳖

鞘翅目

鞘翅目昆虫通称甲虫，前翅硬
化为鞘翅，后翅膜质，用于飞行。

代表昆虫：瓢虫、金龟子

金龟子

蟑螂

瓢虫

啊，你踩到它们了

昆虫不仅种类繁多，而且个体的数量十分惊人。现在，人类已经知道并命名的昆虫有100多万种。

地球上的一个人，对应着超过2亿只昆虫。

现在全世界大约有80亿人，那么，我们昆虫是……

× 2亿

80万只螨

70万只跳虫

20只甲虫

一棵树上大约有10万只蚜虫。

10万只弹尾目昆虫

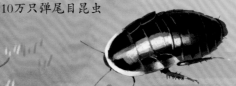

50只地鳖虫

70只蚂蚁

一个蚂蚁群，大约由50万只蚂蚁组成。

一平方米阔叶林里有多少只昆虫？

一个人每走一步，都可能会踩到大约2万只小虫子。

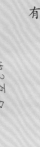

一亩麦田大约有2600只吸浆虫。

昆虫生活在哪里

昆虫几乎遍布整个地球。从赤道到两极，从湿地到沙漠，从草原到高山，从森林树冠到土壤深处，都生活着昆虫。

在空中生活的昆虫

这类昆虫常常在白天出来活动，它们的口器发达。

蝴蝶

蜜蜂

在水中生活的昆虫

这类昆虫有的终生生活在水中，有的只是在其为幼虫时生活在水中。

蜉蝣

划蝽

步行虫

在地面上生活的昆虫

这类昆虫大多没有翅膀，或者有翅膀但是不善于飞行。

在土壤中生活的昆虫

这类昆虫大都以植物的根和土壤中的腐殖质为食，它们害怕光线，喜欢阴雨天。

跳蚤

在其他动物身上生活的昆虫

这类昆虫也叫寄生性昆虫，它们体型很小，有的靠吸血为生，有的取食宿主的组织或体液。

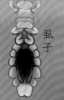

虱子

蝼蛄

地老虎

灵敏的感官

　　昆虫虽然体型较小，但却拥有比人类更为灵敏的感觉器官，包括视觉器官、感觉器官、嗅觉器官、味觉器官等。

触角

　　触角是昆虫主要的感觉器官，可以帮助昆虫探测环境、寻找食物源、感知气味和进行社交交流等。

① 胡蜂用触角来探测环境、感知气味和社交交流。

② 天牛的触角又细又长，有触觉、嗅觉，还可以用来传递信息。

③ 蚂蚁视力不佳，但触角功能强大。蚂蚁的触角上有很多细小的毛，平时它们用触角触碰对方，通过触碰和摩擦来收集以及传递信息。

④ 飞蛾的羽状触角对气味非常敏感，能探测到远距离的气味。

飞蛾

蚂蚁

胡蜂

天牛

蟋蟀

复眼

　　昆虫的复眼又大又鼓，由数不清的"小眼"组成，这些"小眼"与感光细胞和神经连着，可以辨别物体的形状和大小。

❶ 蜻蜓的复眼很大，视力极好，还能向不同方向转动。

❷ 蜜蜂依靠能看见紫外线的眼睛找到花蜜和花粉的"储藏室"。

单眼

　　昆虫的单眼很小，多位于头部，少数昆虫只有一个单眼，大部分昆虫有2~3个单眼。

耳朵

　　有的昆虫长着很奇怪的耳朵，并且可以听到声音。

❶ 蟋蟀的"耳朵"是它们前足关节下一块呈鼓膜状的隆起，能听到其他蟋蟀求偶的声音。

❷ 蝗虫的"耳朵"长在腹部，可以听到蝙蝠靠近的声音。

蜻蜓

蝗虫

蜜蜂

毛毛虫

千奇百怪的嘴巴——口器

昆虫用来吃饭的器官，不叫嘴巴，而是叫作口器。

虹吸式口器

虹吸式口器像一根细长的管子，能伸入花蕊里面吸食花蜜，例如蝴蝶的口器。

⊙虹吸式口器

咀嚼式口器

咀嚼式口器是昆虫中最常见的一种口器类型，可以咬碎坚硬的食物，例如螳螂、蝗虫、蚂蚁的口器。

蝴蝶

⊙咀嚼式口器

螳螂

蚂蚁

刺吸式口器

刺吸式口器可以刺穿植物组织、宿主皮肤，吸食其汁液、血液，例如蝉、蚊子的口器。

蚊子

☺刺吸式口器

蜜蜂

舐吸式口器

舐吸式口器的下唇特化成喙，喙的前端有一个唇瓣可以舐吸食物，喙的后端有一个可以卷曲的"喙管"，例如苍蝇的口器。

☺嚼吸式口器

嚼吸式口器

嚼吸式口器的上颚可以咀嚼固体食物，下颚可以吸食液体，例如蜜蜂的口器。

苍蝇

☺舐吸式口器

快来瞧瞧昆虫的"鼻子"

昆虫和人类一样，也需要呼吸。不过，它们的呼吸器官非常特殊，如果没有放大镜，人们是很难用肉眼看到的。

蜻蜓、蜉蝣的幼虫长期生活在水中，它们拥有一种特别的呼吸器官——气管鳃，能像鱼一样吸取溶解在水中的氧气。

① 胸部和腹部两侧各有一行排列整齐的圆形小孔，这就是气门，很像人的"鼻孔"。

② 孔口有毛刷和筛板，有过滤的作用，可以防止其他物体入侵。

③ 气门内有小瓣，可以关闭和打开气门。

④ 气门与气管相连。

⑤ 气管有许多小型分支，可以通到昆虫身体的各个地方。

⑥ 昆虫依靠腹部的一张一缩，通过气门、气管进行呼吸。

⑳ 气孔

蚂蚁、蝗虫、螳螂、蝴蝶、蜜蜂、蚊子、苍蝇等都是通过气门、气管进行呼吸的。

声音从哪里来

当走入田野或森林时，我们常常会听见一些悦耳或低低的叫声。这些声音都是昆虫发出的。

扇动翅膀的声音

人类可以听到振动频率在20~20000赫兹的声音，比如苍蝇和蚊子扇动翅膀的声音。

不过，人们无法听到蝴蝶扇动翅膀的声音，因为蝴蝶扇动翅膀的频率为7~13赫兹，并不在人类可以听到的范围内。

摩擦发出的声音

一些昆虫靠体表的不同部位互相摩擦而产生声音，如蟋蟀、螽斯、蝗虫、蝼蛄、蟪、天牛、金龟子等。

身体撞击产生的声音

窃蠹会用身体敲击其他物体从而发出声音。拟步甲用外壳或身体部位与周围环境摩擦或碰撞，从而产生声音。

昆虫的种类非常多，昆虫的叫声也多种多样。下面有6种昆虫的叫声，你知道它们分别是哪些昆虫发出的声音吗？

1 "zi——zi, zi——zi"
2 "qu—qu—"
3 "weng—weng—weng"
4 "zi er—zi er"
5 "ka cha—ka cha"
6 "si—si"

1 我在树上，我是著名歌手蝉先生。

我是纺织娘，我的叫声常常吵得人睡不着觉。

5 我是天牛，因为叫声很像锯树时发出的声音，所以人们又叫我"锯树郎"。

3 我是蜜蜂，看见我就赶紧躲开吧！

6 我是生活在非洲的蟑螂，我很会叫，因此成为一种很受欢迎的昆虫宠物。

2 我是生活在草丛里的蟋蟀，我可是音乐家哟！

昆虫界的冠军

寿命最短的昆虫

蜉蝣的成虫只能活1天或者更短。

跳高冠军

猫跳蚤弹跳1次能达到34厘米，约是其身高的140倍。

最重的昆虫

生活在热带美洲的犀金龟，从头部到腹部末端长达16厘米，身体宽10厘米，重量约100克，比一只鹅蛋还大。

最长的昆虫

生活在婆罗洲丛林里的竹节虫体长可达55厘米，比两支连起来的铅笔还要长。

最小最轻的昆虫

卵蜂体长仅0.21毫米，重量只有0.005毫克，是已知非常小和轻的昆虫之一。

跑得最快的昆虫

澳大利亚虎甲虫每小时可以奔跑大约9000米。

飞行最快的昆虫

飞得最快的昆虫是澳大利亚蜻蜓，它短距离冲刺速度可达每小时58千米。

最长寿的昆虫

吉丁虫的幼虫在木头里生活大约50年后，才变为成虫，离开木洞。

奇妙的出生和成长

昆虫的生长发育过程和人类完全不同。有的昆虫从幼虫到成虫都是一个模样，但大部分昆虫都要经历一次"大变脸"。

③ 经过几次蜕皮，毛毛虫变成蛹。蛹表面上很安静，但身体里的器官正逐渐成长为蝴蝶的器官。

④ 终于，蝴蝶破茧而出。这时，它的翅膀皱缩在一起，无法飞行。

完全变态

完全变态的昆虫会经历卵、幼虫、蛹和成虫四个阶段。

代表昆虫：蝴蝶

② 毛毛虫从卵里孵化出来，以叶子为食。毛毛虫长得很快，几周就能长得很大。

⑤ 当翅膀打开，晾干后，蝴蝶就能在空中翩翩起舞了。

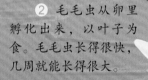

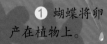

① 蝴蝶将卵产在植物上。

☺ 蝴蝶的蜕变示意图

无变态

无变态的昆虫，幼虫孵化出来即接近成虫形态，仅通过蜕皮逐渐增大尺寸，无明显形态变化。

代表昆虫：蠹虫、衣鱼

不完全变态

不完全变态的昆虫，其卵孵化出的幼虫被称为若虫。若虫与成虫很像，在生长过程中经过几次蜕变后，就能发育成成虫。

代表昆虫：蜻蜓

❺ 等双翅展开变干后，蜻蜓就能飞了。从离开水面到起飞，蜻蜓只用1个多小时。

❹ 成虫的翅膀皱缩着，湿乎乎的，还无法飞行。

① 蜻蜓将腹部插入水中，将卵产在水里。

😊 蜻蜓的蜕变示意图

❷ 几周后，卵孵化出若虫。在最后1次蜕皮前，若虫顺着植物爬出水面。

❸ 若虫的外皮很柔软，可以轻松地挣脱旧皮，从外壳里钻出来。

蚕的一生

蚕是一种中国蛾的毛虫，常见的蚕是桑蚕，又叫家蚕。

① 雄蛾在与雌蛾交配后会死亡，而雌蛾在产下大量卵后也会自然死亡。

② 刚从卵里孵化出的蚕宝宝黑黑的，很像蚂蚁，所以被叫作"蚁蚕"。大约40分钟后，蚁蚕就要吃东西了。

③ 蚕宝宝不断地吃桑叶，身体很快就变成了白色。

蚕的一生要经过蚕卵→蚁蚕→熟蚕→蚕茧→蚕蛾，生命时长约50天。

④ 蚕经过4~6次蜕皮后，停止进食，成为"熟蚕"，并开始吐丝结茧。

别看我个子小，我可以吐出1600米长的细丝，相当于绕着标准的操场跑4圈的长度哟！

⑥ 最后，蛹羽化成蚕蛾。

⑤ 慢慢地，蚕被自己的茧包裹住，化成了蛹。

❶ 蚕从头部下方的吐丝器中吐出丝做成茧，将自己包裹起来。

人们从蚕茧中抽出丝，纺织成衣服或其他物品，至今已经有5000多年的历史了。现在，我们就去看一看，蚕茧是怎么变成衣服的。

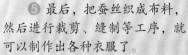

❺ 最后，把蚕丝织成布料，然后进行裁剪、缝制等工序，就可以制作出各种衣服了。

❹ 用纺织机或手工抽出蚕丝，6~10根细丝捻在一起，成为一股丝。

❸ 把蚕茧放入热水中煮软，这是抽出连续丝的唯一办法。

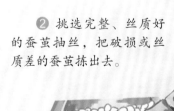

❷ 挑选完整、丝质好的蚕茧抽丝，把破损或丝质差的蚕茧拣出去。

19

甲虫王国

在昆虫中，大约三分之一都是甲虫，除了海洋，它们的身影无处不在。

什么样的昆虫才算是甲虫？

甲虫的重要特征是有两对翅膀。其中前翅即鞘翅，这是一种硬化、不能扇动的保护性结构，主要作用是覆盖并保护柔软、可折叠的后翅；后翅折叠在鞘翅下，是真正用于飞行的翅膀。

金龟子

金龟子有艳丽的颜色，幼虫吃植物的根茎和幼苗，对农作物有害。

油芫菁

油芫菁有一个大大的肚子。一旦感到威胁，它会立刻喷射出一种具有恶臭和刺激性的液体。

蜣螂 ➡

蜣螂俗称屎壳郎，也被称为"大地清道夫"。它每天用像铁锹一样的大角将粪便堆积起来，制作成粪球，用于储存食物或作为繁殖场所。

鬼艳锹甲 ➡

鬼艳锹甲有坚硬的上颚。在繁殖季，雄性鬼艳锹可能会使用上颚进行求偶竞争。

瓢虫

瓢虫很会装死。当遇到敌人或受到刺激时，瓢虫会立即进入一种"假死"状态。

甲虫有2对翅膀

天牛

天牛的幼虫常常蛀食树干，并会发出类似锯树的声音，所以天牛又被叫作"锯树郎"。

独角仙

雄独角仙不但身体强壮，而且头上长着一个大大的角。

萤火虫

每只萤火虫发出的光都有各自的"风格"，便于它们寻找合适的配偶。

五彩斑斓的蝴蝶

蝴蝶是美丽和纯真的化身，走在花丛中，你常常会看见它们在追逐、起舞。

紫蛱蝶

黑脉金斑蝶

双色带蛱蝶

纹黄蝶

中华虎凤蝶

枯叶蝶

孔雀蛱蝶

食物

蝴蝶有像吸管一样的口器，可以吸食花蜜和植物的汁液等。

活动

大多数蝴蝶白天出来活动，但也有一小部分蝴蝶是黄昏活动型或夜行的。

休息

蝴蝶在休息时，常常会把翅膀合起来，竖立在背上。

触角

蝴蝶有一对细长的触角，每只触角的顶端都有一个像小圆棍似的结构。

数字蛱蝶

大网蛱蝶

柑橘凤蝶

斑星弄蝶

绢斑蝶

蓝色大闪蝶

凤眼方环蝶

纹白蝶

小灰蝶

二尾蛱蝶

紫斑环蝶

菜粉蝶

红纹丽蛱蝶

蚂蚁家族

在自然界里，大约有1.5万种蚂蚁，它们喜欢集体住在一个地下巢穴里，每只蚂蚁都有明确的工作。

蚂蚁家族档案

蚁后：具有繁殖能力的雌蚂蚁，主要任务是产卵。

雄蚁：其任务是与蚁后交配繁殖后代。

兵蚁：保护蚁卵和巢穴，一旦有入侵者，它们就会发动攻击。

工蚁：外出觅食，打扫巢穴。

火蚁

火蚁是一种有毒的蚂蚁。如果人被火蚁咬伤，伤口会有烧灼的感觉。

军蚁

军蚁十分可怕。它们常常组成一支有几万只军蚁的大部队，灭青蛙、吃大蛇、啃飞鸟……它们经过的地方总会被吃个精光。

白蚁也是蚂蚁吗？

白蚁，虽然名字里有个"蚁"字，但它不属于蚂蚁家族。蚂蚁和白蚁分属不同的生物族群。

24

切叶蚁

切叶蚁的洞穴里有一个"真菌园"。切叶蚁把树叶切下运回去后，就将树叶咀嚼成浆状，为土壤里的真菌"施肥"。当真菌长成小蘑菇后，切叶蚁就把它当食物吃掉。有的地下"蘑菇园"非常大，竟有50多平方米。

黑花园蚁

黑花园蚁的工蚁可为蚜虫提供保护。蚜虫为了报答黑花园蚁，会提供甜甜的蜜露给它们食用。

缝叶蚁

缝叶蚁用强健的颚将树叶"缝"起来，做成巢穴。

白蚁的"豪宅"

生活在非洲热带稀树大草原上的白蚁，可以修建出高大豪华的蚁塔。蚁塔露出地面的部分高达4米，地下部分深达3米，塔的上部中空，以便空气流通，使得巢穴内的温度不会太冷也不会太热。

蜜蚁

蜜蚁群中的一部分工蚁负责储粮，它们不外出工作，不停吸食由外出工作的工蚁带回的花粉和蜜露，将高糖分的液体存储在自己的嗉囊中。遭遇干旱或食物短缺时，它们反刍出嗉囊中储存的营养物质，分享给巢内其他蜜蚁。

蜇人的蜜蜂

蜜蜂是一种有益的昆虫。它们不仅能帮助植物传授花粉，还能酿造蜂蜜，因此深受人们的喜爱。

蜂王

蜂王是生育器官发育完全的雌蜂。蜂王的主要任务是产卵，每天大约会产下2000枚卵。此外，蜂王还通过释放信息素维持蜂群的秩序和协调。

工蜂

工蜂从出生到死，整天都在忙碌着。除了要采集花粉、酿蜂蜜，还要喂养幼虫、筑巢、打扫卫生、保护蜂群等，非常勤劳。

工蜂

工蜂

雄蜂

在繁殖的季节，雄蜂忙着和蜂王交配，等交配完成后，雄蜂就会死去。

蜂王

雄蜂

纸蜂房

大部分群居的黄蜂的巢是用"纸"做的。这种"纸"是它们用唾液混合着木质纤维做成的。

绳子状蜂房

生活在秘鲁的胡蜂，把蜂房一个接一个地连成一串，看起来就像一根绳子。

球形蜂房

欧洲普通黄胡蜂的蜂后正在努力建造一个新蜂房。内层蜂房里住着小宝宝，外面有一层保护壳，十分奇特。

泥蜂房

许多泥蜂用泥土做蜂房。当第一个蜂房完工后，它们就出去找毛虫放入蜂房。当蜂房里存满食物后，泥蜂会产下一粒卵，之后将蜂房封闭起来。然后它们又开始建造第二个蜂房，直到建造起一排。

甜甜的蜂蜜工厂

你吃过蜂蜜吗？用舌头舔一舔，真是太美味了！这么好吃的东西，小小的蜜蜂是怎么酿造出来的呢？

蜜蜂是怎么酿蜜的？

② 工蜂把花蜜运回蜂房，填入小室。

③ 花蜜在小室里，慢慢地变得浓稠，最终形成蜂蜜。

① 工蜂从新鲜的花朵上采集花蜜。

蜂蜡

工蜂在建造和维修蜂房时，会分泌出蜂蜡。

上光剂

蜂胶

护发素

蜂王浆

蜡烛

蜂皇胎胶囊

蜂蜜面包

蜡笔

蜂蜡

清漆

饼干

这些东西都是用蜂蜜和蜂蜡做成的

一只工蜂一生中能生产几克到十几克的蜂蜜。

从地下出生的歌唱家——蝉

蝉又叫知了。每到盛夏，茂盛的大树上会传出响亮的鸣声，这就是雄蝉的鸣声。

从地下出生

蝉一生大部分时间都生活在黑暗的地下，生活在地上的时间只有短短的1个月。

1. 在7~8月，雌蝉用产卵管在树上刺一排小孔，并把卵产在小孔里。
2. 幼虫从卵里孵化出来，落到地面，便立刻寻找松软的土壤钻进去。
3. 大部分蝉幼虫会在地下生活3~5年。
4. 幼虫到成虫，需要经过5次蜕皮。
5. 在一个黄昏或夜间，蝉蛹钻出地表，并爬到树上。
6. 大约1小时后，成虫蜕去最后一层蛹壳，成为蝉。

蝉和树木

蝉在树枝上引吭高歌的同时，会用它那尖细的口器刺入树皮吮吸树汁，这会影响到树木的健康。

你能看见我吗

天蛾

兰花螳螂

巴西红蜡蚧

枯叶蝶

枯叶螳螂

椿象若虫

拟叶螽

在昆虫界，众多昆虫展示了卓越的伪装技能，以此来保护自己免遭捕食者的侵害。

一种普遍且高效的策略是"保护色"，它使得昆虫能够根据所处环境，调整其体色和纹理，与诸如树叶、花朵或土壤等背景高度一致，实现隐蔽，极大地提升了生存概率，降低了被捕食的风险。

刺蝽

此外，部分昆虫采取了一种更为高级和复杂的伪装手段——"拟态"。拟态昆虫超越了简单的环境匹配，进一步模拟其他生物（不仅是昆虫，也包括其他动物）的外观特征、行为习性，甚至某些情况下是生理结构，以此获取特定的生存优势。例如贝氏拟态，在这类拟态中，无害的昆虫模仿有毒或味道不佳的物种的警告信号，向捕食者发送混淆信息，让自己显得不宜食用或具有危险性，从而有效规避被捕食的风险。

竹节虫

尺蛾

叶蝽

菜青虫

猎蝽

螽斯

树叶虫

举着大刀的螳螂

螳螂，也叫刀螂，它们的前臂呈镰刀状，看起来就像一把大刀。

自相残杀

螳螂是凶残的食肉昆虫。当找不到食物时，强壮的螳螂会吃掉弱小的螳螂。

爱"祈祷"的虫子

螳螂在捕猎时，常常将前臂举起，好像是在"祈祷"一样。

捕虫高手

螳螂是捕虫高手，捕食速度极快，能在眨眼间捕捉到猎物，展示出惊人的敏捷性。

伪装

别看螳螂很厉害，有时它们也得伪装自己，躲避危险。瞧，枯叶螳螂看起来就像是一片枯叶，不仔细看很难认出来哟！

吃掉"丈夫"

一些雌螳螂在交配后，会吃掉"丈夫"补充营养，这是一种进化上的权衡。

被通缉的蝗虫

蝗虫拥有强大的飞行能力，每日能迁徙约130千米，长途飞行后它们极度饥饿，因而一旦降落，短时间内就可能对农作物造成严重破坏。

蝗虫非常可怕，尤其是沙漠蝗虫。当它们成群飞来时，密密麻麻的，像一片乌云，常常令人恐慌。

一只蝗虫

当我独自生活时，身体是绿色的，破坏力也很小。

蝗虫大队

当我们过上集体生活时，不仅身体会变成黄色或棕色，还很危险，常常毁坏一大片农作物！

33

宴会开始啦

今天是个好日子，昆虫们决定搞一次大聚餐。不过，餐桌上的味道实在……

蠹虫

蠹虫很喜欢书。不过，它可不是看书，而是忙着吃书页中的纤维和淀粉质。

白蚁

白蚁爱吃木头，它们忍不住啃起餐桌，这样下去，它们很快会把整个桌子吃光的。

蝗虫

坚果象甲

白蚁

蠹虫

果蝇

白蚁

蝗虫

蝗虫很能吃，几乎所有的庄稼它都吃。盘子中又肥又厚的白菜叶，它尤其喜欢。

蓝地甲虫

蓝地甲虫看到了盘子里的蠕虫。

坚果象甲

坚果象甲把自己的口器插入一个大坚果中。

蟑螂

蟑螂适应力极强，它几乎什么都吃。但今天面对盘子里的指甲盖，它并没有表现出强烈的食欲，难道是因为指甲盖太硬了？

蜜蜂

还是蜜蜂文雅，它的食物是一朵香喷喷的花。

果蝇

盘子里是腐烂的水果，果蝇吃得可开心了。

屎壳郎

屎壳郎最喜欢吃臭烘烘的粪球了。

蟑螂

蓝地甲虫

蜜蜂

屎壳郎

唾液汤

苍蝇吃饭前会在食物上唾满唾液，食物被唾液消化后会变成汤，它们再把汤液吸食干净。

它们怎么获取食物

根据食物的不同，昆虫分为植食性昆虫和肉食性昆虫，还有一些昆虫吸食血液。

吸食汁液

蝽用尖锐的口器，刺破植物的组织，吸食汁液。

吃肉的蚂蚁

许多种类的蚂蚁，尽管体型小，却是高效的肉食者，它们会协作狩猎小型昆虫，甚至攻击比自己大得多的生物，然后将其拖回巢穴共享。

存储食物

蜜蜂落在花朵上时，花粉常常会沾在它身上。蜜蜂就用中腿把花粉收集起来，存储在后腿的刚毛里。

嚼烂树叶

毛毛虫的口器边缘互相重叠，很像一把剪刀，可以把叶子切碎，还可以像磨盘一样把嘴里的食物磨烂。

唱歌求偶

雄性蟋蟀通过唱歌来吸引雌性蟋蟀。

求偶信号

每到繁殖季节，昆虫就忙碌起来，四处寻找配偶。昆虫们常发出独特的信号，吸引伴侣。

气味求偶

雌性橄榄油蝴蝶在求偶时，会散发出一种浓烈的气味，吸引雄蝶。

发光求偶

在夜晚，雌萤火虫通常停留在低矮植被上，发出微弱的光信号，而雄萤火虫则在空中飞行，以更明亮的闪光响应。

制造涟漪求偶

求偶时，雄水黾会悬停在水面上，通过迅速且有节奏地振动腿部或轻微的跳跃，在水面制造一系列涟漪。这些精心编排的动作不仅传递了求偶信号，也展现了雄性个体的活力与健康状况。

色彩和结构色求偶

蝴蝶通过展示绚烂多彩的翅膀，并执行特定的飞行表演来吸引异性，其翅膀表面密集排列的微小鳞片在阳光照射下不仅璀璨闪耀，还能随观察角度的改变呈现出迷人的变彩效果，这种现象称为结构色。这种视觉上的动态变化显著增强了其求偶展示的吸引力，是蝴蝶求偶行为中的一个重要特征。

昆虫的运动方式

昆虫在大部分时间里都在进行各种活动，包括运动，但生活环境不同，昆虫的运动方式也不同。有的昆虫会游泳，有的会跳跃，并且大多数昆虫会飞。

蝴蝶

天牛

多功能的足

昆虫的足不仅用来行走、跳跃和游泳，还用来捕食、挖洞、发声、战斗等。

天牛的足主要用于行走和攀爬树木。
蝗虫可以借助足高高跳起。
猎蝽的足可以捕捉猎物。
仰游蝽的足可以在水中游泳。

借风飞行

蚜虫

一些体型较小的昆虫，如某些蚜虫，由于自身行动能力有限，可能会借助风力从一个地方飘到另一个地方。这是它们适应环境、寻找食物和繁殖地的一种策略。

毛毛虫

腹足

几乎所有的毛毛虫除了胸部的3对足外，腹部还长着腹足。毛毛虫进食时，就用腹足抓紧植物。

猎蝽

仰游蝽

蝗虫

鳞片

蝶与蛾的翅膀上覆盖着色彩斑斓的鳞片，鳞片紧密相连，交织成蝶和蛾的美丽翅膀，它们不仅增添了昆虫的外观魅力，还有助于飞行，并提供一定的保护和伪装功能。

瓢虫的飞行

瓢虫前翅坚硬，可以为飞行提供升力，后翅扇动，从而推动身体向前。

④

蜜蜂

天蛾

我飞得很快，每小时可以飞四五十千米，蝴蝶和其他昆虫都比不过我！

③

②

① 瓢虫在飞行前，需要做热身运动。它将翅膀反复地打开、合拢。

② 前翅张开，后翅紧跟着打开，准备起飞！

③ 瓢虫通过快速扇动后翅，产生升力，使身体向前飞行。

④ 瓢虫着陆时，后翅折叠起来，收在前翅里面。

①

小身体，大本领

非洲蜜蜂会成群攻击入侵者，并且还会毫不犹豫地用螫针击退敌人。

蝽象能分泌出一种恶臭的液体。一旦被天敌捉住，它们会使用这种方法逃生。

枯叶蝶静静地落在枯树枝上，就像一片枯树叶，很难被敌人发现。

子弹蚁是所有昆虫中咬人最疼的昆虫之一。人一旦被它咬伤，灼热般的疼痛感会持续数小时。

自然界里充满危险，昆虫们为了保护自己，躲避危险，演化出了许多防卫本领。这些独特且有效的本领使它们一次又一次地顺利脱险。

箩纹蛾展开翅膀后，上面的图案就像猫头鹰的脸，看上去非常恐怖。敌人看见后会因害怕而退缩。

放屁甲虫的腹部有两种特殊的化学物质，一旦遇到危险，它就将这两种物质混合起来，用力地喷射出去。

昆虫大餐

昆虫是一种非常有营养的食物，现在大约有12000种昆虫被人们搬上了餐桌。

蒸蛆

油炸蟋蟀

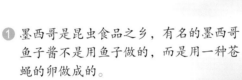

墨西哥鱼子酱

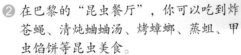

烤蟑螂

蜜蜂幼虫

① 墨西哥是昆虫食品之乡，有名的墨西哥鱼子酱不是用鱼子做的，而是用一种苍蝇的卵做成的。

② 在巴黎的"昆虫餐厅"，你可以吃到炸苍蝇、清炖蛐蛐汤、烤蟑螂、蒸蛆、甲虫馅饼等昆虫美食。

③ 如果到了泰国，你一定要吃一份油炸蟋蟀，可以补充钙质哟！

④ 在尼泊尔，当地人用布把蜜蜂幼虫包起来，使劲挤压，将挤出的液体像炒鸡蛋那样炒着吃。

⑤ 这是一道以可食用蚂蚁为材料做的蚂蚁上山，吃起来爽口极了。

蚂蚁上山

人类的朋友和敌人

在昆虫家族里，有一些昆虫被人类视为益虫，而有一些昆虫被认为是害虫，因为它们破坏、侵占人类的物品、食物和家园等。

马铃薯甲虫

马铃薯甲虫的幼虫大口大口地吃着马铃薯叶片，严重时会造成整株植株死亡，对农业生产造成重大损失。

蜜蜂

蜜蜂不仅能酿出香甜的蜜，还能传花授粉，是有益于农业生态系统的益虫。

瓢虫

有些瓢虫能捕食蚜虫等害虫，是菜园里的植物守护者，被誉为益虫。

面象虫

面象虫生活在厨房的碗柜里，以发霉的面粉为食，对人类的食品储存造成破坏。

苍蝇

苍蝇携带着大量细菌，是对人类健康有潜在威胁的害虫。

木匠蚁

木匠蚁喜欢在木材上挖洞筑巢，房屋的木梁常常被它们破坏。

没有了苍蝇和甲虫等分解者，臭烘烘的粪便、动物的尸体以及植物残体等得不到及时处理，将严重影响人类的生存质量，并可能导致生态系统的崩溃和生物多样性的丧失，从而对人类生存构成严重威胁。

如果地球上没有了昆虫

昆虫是人类非常重要的朋友，如果没有了昆虫，地球生态系统将发生重大失衡，人类将深受其害。

如果没有了蜜蜂和蝴蝶等传粉昆虫，植物授粉会受阻，从而影响开花植物繁衍，农作物会减产，人类食物链受损……

其实，我们的生命力非常顽强，即使有一天，地球上所有的人和大型动物都消失了，我们也会继续生存下去。